来自太阳的24封信

——阳光写就的二十四节气

戴云伟　史学丽　李　萌　边钰茗◎编著

内容简介

二十四节气是中国独有的历法，对中华民族的农耕文明有着巨大的影响，也为中国公众所普遍接受。几十年来，二十四节气一直指导着农业生产，并通过生产实践和启蒙教育成为每个人的常识。即便在今天的城市，大多数人也能对二十四节气歌熟记于心。

本书巧妙地将传统文化与现代科学相结合，从气象学角度解读二十四节气，每个节气具体介绍名称由来、气候特征以及二者之间的关系，并结合每个节气的气候特征介绍相关的传统文化知识。本书语言通俗易懂、画面清新柔美，易于读者阅读和理解。

图书在版编目（CIP）数据

来自太阳的24封信 ：阳光写就的二十四节气 / 戴云伟等编著. -- 北京 ：气象出版社，2024.1

ISBN 978-7-5029-8093-1

Ⅰ. ①来… Ⅱ. ①戴… Ⅲ. ①二十四节气－关系－气象学 Ⅳ. ①P4

中国国家版本馆CIP数据核字(2023)第215690号

来自太阳的 24 封信——阳光写就的二十四节气

Laizi Taiyang de 24 Feng Xin——Yangguang Xiejiu de Ershisi Jieqi

---

出版发行： 气象出版社

地　　址： 北京市海淀区中关村南大街 46 号　　**邮政编码：** 100081

电　　话： 010-68407112（总编室）　010-68408042（发行部）

网　　址： http://www.qxcbs.com　　**E-mail：** qxcbs@cma.gov.cn

责任编辑： 黄海燕　　**终　　审：** 张　斌

责任校对： 张硕杰　　**责任技编：** 赵相宁

封面设计： 楠竹文化　　**插图绘制：** 李姝琦

印　　刷： 北京地大彩印有限公司

开　　本： 710 mm × 1000 mm　1/16　　**印　　张：** 6.75

字　　数： 73 千字

版　　次： 2024 年 1 月第 1 版　　**印　　次：** 2024 年 1 月第 1 次印刷

定　　价： 59.00 元

序

每种农作物都有一定的最适生长季和一定的种植、收获时间，这就是农时。在传统农业社会，农时是人们的命根子，《孟子 · 梁惠王上》有："不违农时，谷不可胜食也。"农谚也说"季节一把火，时间不让人""打铁看火候，庄稼看时候"。农时，初看是农事的时间，但是在这些时间的背后却是农作物生长所仰仗的气候条件。

在我国古代，人们将一年分为 24 个时段，并分别取一个有代表意义的名字，来定性体现各个时段的气候特征，此即被联合国教科文组织在 2016 年列为"人类非物质文化遗产"的二十四节气。

至今，在我国广大农村，二十四节气依然发挥着指导农业生产的作用。其原因就是二十四节气可以反映各个时段相对稳定的气候特征，尽管具体到每一年，各节气的气候特征会有或早或晚、或强或弱的波动，但是依据节气来指导农业生产，还是可以最大限度地确保农业丰收。

二十四节气基本概括了一年中四季交替的准确时间以及大

自然中一些气候、物候等自然现象发生的规律。像雨水、谷雨、小暑、大暑、处暑、白露、寒露、霜降、小雪、大雪、小寒、大寒等节气，在名字里通过雨、雪、露、霜、寒、暑等字来直接体现了这一时段的降水、气温特征，以及在这一时段可能出现的天气现象。

二十四节气蕴含着深厚的文化内涵和历史积淀，是中华民族悠久历史文化的重要组成部分，同时，也记录了古人对气象现象的朴素观察和科学思考。本书巧妙地将传统文化与现代科学相结合，并进行创新性的解读，语言通俗易懂，画面清新柔美，易于读者阅读和理解。

中国工程院院士 丁一汇

2023年10月11日

前 言

时间是世间一切物质存在的重要方式，人们为了准确地衡量时间、计算时间、记录时间，就需要选择具有普适性、恒久性和周期循环性的参照物。二十四节气就是我国古人发明的时间坐标之一。

最初，二十四节气是依据北斗七星斗柄旋转指向（斗转星移）制定，后来，太阳、月亮的位置变化以及气候、物候现象也被融入二十四节气的名字中。

尽管二十四节气是人们把地球当作宇宙的中心，认为太阳是围绕着地球运行（即“地心说”）时代产生的经验总结，但是直到今天，它对于我们的生产、生活依然有很重要的指导意义。我国的农历，也在发展中吸收了节气成分作为历法的补充，并通过“置闰法”调整使其与回归年一致，形成阴阳合历。

二十四节气是我国独有的民俗文化，对中华民族的农耕文明有巨大的影响，也为我国的公众所普遍接受。在国际气象界，它被誉为“中国的第五大发明”。2016 年 11 月 30 日，联合国教科文组织正式将二十四节气列入人类非物质文化遗产代表作名录。自然科学的产生和发展始于天文与气象，二十四节气也不例外。正如战国时期的《吕氏春秋》中说，“民以四时寒暑日月星辰之行知天”，我国先民早在四千多年前就使用竖立的长杆来测量日影长短，由此确定了日影最长和最短的冬至和夏至。随着与季节相关的一些特殊时间节点的逐渐确定，到了西汉时期，汉高祖刘邦的孙子淮南王刘安将二十四节气的版本定格在《淮南子》一书中，节气的名字与今天完全相同。几千年来，二十四节气一直在指导着农业生产，并通过生产实践和启蒙教育成为每个人的常识。即便在今天的城市，大多数人也能对二十四节气歌熟记于心。人们不仅知道每个节气的到来时间，而且略知该时段的气候特征，因此还衍生了每个节气所对应的风俗、禁忌、养生等文化。

本书着重从气象学的角度来解读二十四节气，书中内容也被“中国天气”录制成了短视频发布在网络媒体上，欢迎大家点击收看。

由于时间仓促，本书难免存在不足之处，敬请读者批评指正。

戴云伟

2023 年 9 月

目录

立
秋

立
冬

引言

二十四节气是我国上古农耕文明的产物，它与天干地支以及八卦等传统文化是联系在一起的，有着久远的历史源头。最初，它是依据我国古代星象文化的斗转星移，同时结合了当时流行的阴阳五行文化而制定的，无处不体现着我国古人探索大自然奥秘的印记。

现在流行的二十四节气版本出自汉代《淮南子》一书，该书是刘邦的孙子淮南王刘安带领门客所著。

关于二十四节气的划分方法，早期把一年的天数平均划分为 24 份，每一份就是一个节气，每个节气相隔的时间是固定的。这种划分方法能够保证各节气之间的间隔相同，从历法的角度看是有好处的，但不能保证冬至时昼最短夜最长、夏至时昼最长夜最短、春分秋分时昼夜平分。

明末清初，徐光启在传教士汤若望的建议下，将太阳在黄道上视运动一周的黄经度数 360° 平均分为 24 份，每过 15° 定为一个节气。这样的节气划分更加精确，也更加合理实用。

二十四节气不仅被用来指导人们的农业生产，而且还影响着古人的衣食住行，成为我国传统文化中不可或缺的一部分。

这是来自太阳的第一封信，写给立春：立春啊，我已经运行到达黄经315°，北斗七星的斗柄指向艮位。

立春节气从每年的 2 月 4 日前后开始，共约 14.8 天。立春开启了春季的升温模式，但乍暖还寒。如果将 10 ℃的平均气温作为入春的标准，北方还得再等上一个多月才能陆续进入气象意义上的春天。

有一个成语叫“斗柄回寅”，说的是北斗七星的斗柄又重新指向了东方，大地回春。在漫长的历史中，除了通过太阳位置确定节气外，北斗七星的指向也是古人判断节气的重要依据。战国时期的《鹖冠子》一书中就最早记录了：“斗柄指东，天下皆春；斗柄指南，天下皆夏；斗柄指西，天下皆秋；斗柄指北，天下皆冬。”早在两千年以前我国古人就发明了“干支历”来纪年。用 10 个天干与 12 个地支的组合来表示年、月、日、时，

初候，东风解冻；
二候，蛰虫始振；
三候，鱼陟负冰。

体现在生日上就是所谓的生辰八字。而二十四节气正是干支历的基本内容，对应着年的精准长度 365 天 5 小时 48 分 46 秒。

我们经常使用的公历，一年是 365 天，与年的精确时长相差近 6 个小时，所以每隔 4 年就得闰上一天。阴历则是 354 天，差得就更多了，11 天。可别小瞧了这 11 天，十几年累加下来，正月初一就可能出现在夏天了。显然，阴历既不能反映季节的变化，也不能用来指导农业生产。这时候，你就可以看出我国古人的智慧了，既然干支历对应的是一年长度的标准答案，干脆就把二十四节气植入到阴历中，规定每个月中必须要出现一个排序为偶数的节气，如果没有出现，那这个月考试不及格，就得“留级”，只能称呼它为前一个月的闰月。经过这样的“神操作”，就形成了我国现在的农历，春节也就被锁定在了“立春”开始前后的半个月之内。但这也会造成农历年中有时没有立春，而有时又有两个立春的现象。

另外，属相也是一个问题。那我们是以春节还是以立春来界定属相呢？目前，大家多习惯了以春节来界定属相，这样省事，也容易记住。但是从几千年的历史渊源来看，以立春来界定属相也有它的道理。因为十二生肖起源于干支历中的十二地支，立春是干支历中一年的开始，在黄道上对应着确定的位置，以立春来界定属相，也就与现代科学意义上的时间、空间保持了一致。

雨水

这是来自太阳的第二封信，写给雨水：雨水啊，我已经运行到达黄经 330°，北斗七星的斗柄指向寅位。

雨水节气从每年的2月19日前后开始，共约14.9天。“七九河开，八九雁来”，雨水时节，河水破冰，大雁北归，草木萌动。降水的形态也会发生根本的转变，由降雪逐渐转变为降雨。

近年来，“接地气”这个词特别流行，用来形容言谈举止贴近百姓生活。但在古代，“地气”指的是潜藏在大地中的一种能量。《礼记·月令》一书中用“天气下降，地气上腾”来描述立春和雨水的节气特征。古人认为，节气变化就是“气”的变化，如果能看到“气”，那么一切就变得很容易解释了。为了把这种“气”展现出来，我国古人可费了不少脑筋。这事儿说起来还挺有意思，我们打小就背“天地玄黄，宇宙洪荒。日月盈昃，辰宿列张。寒来暑往，秋收冬藏。闰余成岁，律吕调阳”，其中的

初候，獭祭鱼；
二候，候雁北；
三候，草木萌动。

“律吕调阳”让不少人费解，其实这就是古人用来测量地气的一种方法。选择 12 根长短不一的竹管，最长的 30 厘米，最短的约 15 厘米。按长短顺序并排插到土壤中，并在竹管里灌满用芦苇内膜烧成的灰。这种灰很轻很轻，当土壤中某一深度的阳气发生了变化，就会把相应竹管中的灰喷出，同时发出独特的声音。这 12 根竹管就叫律吕。“律吕调阳”就是用竹管喷灰的方式来监测土壤中“阳气”的变化。这种想法很丰满，现实却很骨感，一直以来只是传说，到了明朝，鼎鼎大名的大学士徐光启也想通过试验来证明一下，但遗憾的是他也没有成功。后来，随着温度计的发明，测量地气就简单了。将温度计埋进土壤的不同深度，就可以根据温度来掌握地气的变化了。土壤不同深度的温度都有着不同的年周期变化。雨水节气，黄河中下游一带土壤中所储存的热量也开始逐渐扭亏为盈，1 米深度以上的温度已经开始转为上升的趋势。

古人对于“气”的这种理解也体现在了二十四节气中。其实，二十四节气是 12 个节和 12 个气的统称，“节”和“气”交叉排序，处在单数位置的叫节，处在双数位置的叫气。立春是二十四节气的第一个“节”，而雨水就是二十四节气的第一个“气”。

惊蛰

这是来自太阳的第三封信，写给惊蛰：惊蛰啊，我已经运行到达黄经345°，北斗七星的斗柄指向甲位。

惊蛰节气从每年的 3 月 6 日前后开始，共约 15.0 天。此时，蛰伏在地下冬眠的昆虫等动物开始惊醒。在汉代之前，它的名字叫“启蛰”，后来因为要避汉景帝刘启的名讳，才更名为“惊蛰”。

关于昆虫在这个节气“惊醒”的原因，民间流传着“雷惊百虫”的说法，似乎是春雷搅了昆虫的冬眠大梦。但是，根据气象资料分析，在二十四节气的发源地黄河中下游一带，通常要等到 3 月末甚至更晚才可能出现雷声。即便考虑几千年来的气候变化，雷电也不足以成为惊蛰这个节气的气候特征。《月令七十二候集解》中也清楚地记载着，只有到了下一个节气——

初候，桃始华；
二候，仓庚鸣；
三候，鹰化为鸠。

春分才会“雷乃发声”，那流传中的惊蛰之雷到底是误传还是另有所指呢?

其实，在很早以前，我国古人根据天地间阴阳的变化，将所处环境的不同空间方位，以及宇宙万物发展过程中的各个阶段，总结为震、离、兑、乾、巽、坎、艮、坤。因为这八个字听起来很抽象，就用大家比较熟悉的雷、火、泽、天、风、水、山、地等来形象比喻，这就是伏羲八卦，传说其为中华文明的始祖伏羲所创制。后来，周文王将伏羲八卦两两上下组合，演绎出了六十四卦，并以《易经》而流传至今。其中有十二卦较为特殊，分别用来描述每个月的特征。一月为泰卦，就是成语“否极泰来”的“泰”所指的那个泰卦，由坤和乾上下组合而成，表示一月已经具备了最为有利的发展形势；二月为大壮卦，由震和乾上下组合而成，古人认为“万物始于震”，如同鸟儿起飞前要振振翅膀、我们跑步前要跺跺脚一样，各种生命过程开始时也都会先有一个“震”的动作。古人通常都用“雷”来形象比喻这个“震”，并不是指真正的天气上的雷电。说到这，你应该明白了，“雷惊百虫”的本意其实应该是“震惊百虫”。

惊蛰时节，数九将尽，太阳辐射到北半球的热量越来越多，导致气温、地温骤然飙升，这样急剧的温度变化在古人看来就是一种“震”，沉睡了一冬天的昆虫便在美梦中被热醒，惊蛰就像信号一样通知它们春天到了，可以出来活动了。

春分

节气

这是来自太阳的第四封信，写给春分：春分啊，我已经运行到达每年的起始点黄经 0°，北斗七星的斗柄指向卯位（正东方向）。

春分节气从每年的 3 月 20 日前后开始，共约 15.2 天。通常说的春分这天昼夜平分，是多年观测的平均结果。事实上，如果仅凭直觉，在惊蛰节气的最后几天，以及春分节气的前几天，你都会感觉到昼夜是平分的。

春分与秋分、夏至、冬至合称为二分二至，这是二十四节气中最容易被发现，也是最早被确定下来的四个节气。如果大家有兴趣，不妨来体验一下物体影子长度随着节气变化的规律，找一根竹竿垂直固定在全年都可被太阳照到的地面上，在每个节气到来时，就在正午竹竿影子的顶端画个记号。这样观测一年，第二年就可根据这些记号来判定节气了。我国古代就是根据这种“立竿见影”的原理发明了天文仪器——圭表，用来观

初候，玄鸟至；

二候，雷乃发声；

三候，始电。

测日影的变化。

我国现行的二十四节气是以黄道与天赤道的第一个交叉点为起点，对黄道进行 24 等分，这个起点就是“春分点”。在人类文明的发展历史中，我国古代对天文的研究可以说是东方文明的源头。那么，西方文明又是怎么利用黄道来划分回归年呢？这不得不提到曾经出现在伊拉克境内的古巴比伦文明，因为古巴比伦文明是西方天文学的源头。古巴比伦也是以黄道上的“春分点”为起点来对一个回归年进行划分，但是没有像我国分得那么细，他们只是简单地进行了 12 等分，并用黄道附近的白羊座、金牛座、双子座、巨蟹座、狮子座、处女座、天秤座、天蝎座、人马座、摩羯座、水瓶座和双鱼座等这 12 个星座来作为名字，这就是黄道十二宫。另外，与我国传统上把立春节气作为春季的开始不同，西方国家延续了古巴比伦文明的习惯，把春分作为春季的开始。

太阳越过春分点后，辐射到北半球的热量越来越多。在我国北方的很多地方，春分都是气温上升最快的节气。按照平均气温稳定超过 10 ℃的入春标准，河南、山东、河北、北京、天津和山西都会在春分节气内陆续进入气象意义上的春天。

清明

节气

这是来自太阳的第五封信，写给清明：清明啊，我已经运行到达黄经15°，北斗七星的斗柄指向乙位。

清明节气从每年的 4 月 5 日前后开始，共约 15.3 天。节气的第一天也是中华民族的传统节日——清明节。到了清明，春季已经过半，草长莺飞，百花绽放，大自然到处呈现出一派风清景明的景象。宋朝僧人志南在春游时留下来的那句“沾衣欲湿杏花雨，吹面不寒杨柳风”，可称得上是千古绝唱，表面上来看，这是在描写春天里的风和雨，其实，诗中的杏花和杨柳风更有深意。

我国古人除了将一年划分为 24 个节气外，还以 5 天为一候，将每个节气分为三候，这样一年就有 72 候。从小寒到谷雨的 24 候十分特别。这期间各种花轮番开放，每候总能找到一种有代表性的花，从梅花、山茶花、水仙花，一直到牡丹花、荼靡

初候，桐始华；

二候，田鼠化为鴽；

三候，虹始见。

花、楝树花。这样，看到某种花开了，也就知道是什么时节了，这 24 种花就成了 24 候的信使，这就是在民间流传的“二十四番花信风”，简称“花信风”。现在流传下来的“花信风”是适合江南一带的宋朝版本。清明节气中三候分别由梧桐花、小麦花、杨柳花来代表。可见，“吹面不寒杨柳风”要表达的不只是普通的风，还通过“杨柳花信风”传递出更为具体的时间——清明节气的第三候。

因为气候的南北差异，越往北植物的花期越晚，比如江南一带，李树在雨水的第三候开花，但到了山东南部，李树花期就是清明前后了。山东枣庄一带还流行着一句顺口溜“桃花开，杏花败，李子开花炸咸菜”。它不但道出了三种花的出场顺序，也让当地的传统美食“熟咸菜”四溢飘香、广为人知。

清明时节，全国大部分地区的气候都是一派风和日丽、阳光明媚，但华南地区却“与众不同”地进入了降雨集中期，也称入汛。气象上称这三个月为华南前汛期，因为先有冷、暖空气在这里持续对峙，后面接着又有夏季风的到来，导致暴雨多发。受复杂的大气环流影响，每年入汛的时间可能提前，也可能推迟。像 1983 年就提前了一个多月，而 1963 年却又推迟了近两个月。但不论入汛早晚，广东经常都是华南前汛期的“领头羊”。

这是来自太阳的第六封信，写给谷雨：谷雨啊，我已经运行到达黄经 30°，北斗七星的斗柄指向辰位。

谷雨节气从每年的 4 月 20 日前后开始，共约 15.4 天。它的名字来自“雨生百谷”，有雨水润泽谷物之意。自汉代以来，谷雨就是祭仓颉的节日。据《淮南子》记载，仓颉创造了汉字，方便记事和交流，天帝被他感动，于是在春末夏初给人间降了一场谷子雨，后人就把这天定名为“谷雨”。鉴于“仓颉造字，天降谷雨”的传说故事，2011 年联合国决定把每年的谷雨设定为“中文日”，谷雨也成了全世界纪念汉字诞生的日子。

在《月令七十二候集解》中，谷雨第三候为“戴胜降于桑”，这里的“戴胜”指的就是戴胜鸟。说起这个戴胜鸟啊，还真是鸟类中的一个奇葩。打老远看上去，可以说人见人爱，它头上的冠羽十分像古代女子头上佩戴的一种叫“华胜”的装饰，

初候，萍始生；
二候，鸣鸠拂其羽；
三候，戴胜降于桑。

在神话传说中，王母娘娘头上戴着的就是这个装饰。戴胜鸟长着尖长的嘴巴，经常有人将它误认为啄木鸟，其实，啄木鸟远没有戴胜鸟那么漂亮、华贵。

别看戴胜鸟这么美，外表光鲜亮丽，却是窝里吃窝里拉，还分泌一种带有恶臭的油脂。如果靠近它，就会闻到一股臭味，让人直摇头。可以说，戴胜鸟是典型的“外面凤凰，家里鸡”，用“臭美”两个字来形容它是再恰当不过的了。但是，不管你喜不喜欢，对于戴胜鸟来说，它是“久而不闻其臭”，反而把这种臭当成了适应环境防范天敌的盾牌。

说到这，可能有人就会问了，就这么一种鸟，它降落到桑树上能有什么意义呢？俗话说，谷父蚕母，谷物和蚕桑是传统农业社会的衣食父母。每年春季选择什么时候对蚕卵进行孵化十分关键。戴胜鸟非常喜欢吃野蚕，它频繁落到桑树上，就说明此时野蚕已经孵化出壳了。因为家蚕是从野蚕驯化而来，它们之间有很相似的规律，这时候启动对蚕卵的孵化最有利于蚕宝宝的成长。

谷雨时节，对于北方来说，绝大多数的“雨”都是贵如油的“喜雨”，非常有利于农作物的生长。但如果冷不丁下一场暴雨，也会让还没有入汛的北方猝不及防。为了确保对灾害性天气的提前防范，请密切关注气象部门发布的暴雨预警。

这是来自太阳的第七封信，写给立夏：立夏啊，我已经运行到达黄经 45°，北斗七星的斗柄指向巽位。

立夏节气从每年的 5 月 6 日前后开始，共约 15.6 天。节气期间，太阳直射点恰好自南向北移过我国的海南岛，因此，海南各地都有机会体验正午时刻“立竿无影”的现象。立夏是传统意义上夏季的开始，古人认为夏季是“天气”下降、“地气”上升，立夏是天地二气激烈交合的开始，雷雨增多，万物也进入旺季生长阶段。

因我国幅员辽阔，气候差异很大，气象部门规定以当地日平均气温稳定超过 22 ℃为入夏的标准。按照这个标准，在立夏之前，只有华南、江南南部才进入了气象意义上的夏天。但在立夏节气期间以及节气后的几天之内，江南北部、江淮、黄淮，一直到华北的大片区域，都会以突飞猛进的方式跨入夏天的门

初候，蝼蝈鸣；
二候，蚯蚓出；
三候，王瓜生。

槛。合肥、郑州、济南、石家庄、北京、天津等城市通常都会在5月23日之前纷纷入夏。而西北地区、东北地区的春天则会持续到6月，然后才缓缓入夏，算得上是我国最能挽留春天的地方了。

可能不免有人好奇，以整数20 ℃气温作为入夏的标准不好吗？为何偏要以22 ℃的气温作为入夏的标准呢？这是因为，科学研究表明，22 ℃是最适宜春季作物生长气温的上限。比如冬小麦，在立春后，经历返青、拔节、抽穗扬花，一直到最为关键的灌浆乳熟阶段，一旦日平均气温稳定地超过22 ℃，就不再利于小麦的生长，灌浆乳熟也就进入了收尾阶段。而22 ℃又是最适宜夏季作物生长气温的下限。因此，22 ℃是春季生长作物和夏季生长作物之间的一个分水岭。

进入夏季，天气就逐渐热了起来。单从气温来看，立夏节气还处在夏季的起步阶段，是最有利于我们身体健康、最令人舒适的一段时间。医学研究表明，在22 ℃的环境气温中，人体产生与散失热量的能力相当，此时，肌体的新陈代谢、生理功能都处于最佳状态。当超过这个气温时，人体的散热能力将随气温的升高而降低。更加巧合的是，我们用数学里那个神奇的黄金比例数0.618乘上人的标准体温36.5 ℃，哎，得到的结果也是十分接近这个22 ℃。

小满

这是来自太阳的第八封信，写给小满：小满啊，我已经运行到达黄经60°，北斗七星的斗柄指向巳位。

小满节气从 5 月 21 日前后开始，为二十四节气的第八个节气，共约 15.6 天。在这个节气期间，太阳在黄道上的运行从 60° 到 75°。

谚语“小满小满，麦粒渐满”“小满小满，江河渐满”，就形象地描述了小满节气。意思是北方小麦的麦粒开始接近饱满，南方的江河湖泊里也积攒了足够的雨水。大家不难发现，24 个节气中有小暑和大暑、小雪和大雪、小寒和大寒，那为何有小满而没有大满呢?

二十四节气的名字既包含着自然信息，也蕴含着人文的智慧。古人很早就总结出“满招损，谦受益”，谦虚是中华民族的美德，在给二十四节气起名字时，自然会忌讳“大满”这两个字。

初候，苦菜秀；

二候，靡草死；

三候，麦秋至。

小满之后，丰收在望，农民再忙也会抽空到地里察看麦情，麦粒是否饱满，什么时候收割，可以说是了如指掌，也无须再占用一个节气的名字来提醒。紧接着小满的下一个节气芒种就相当于大满了。

太阳在黄道上，处在不同的位置，辐射到地球的能量是不同的。从冬至到芒种的 12 个节气，辐射能量逐级增高；从夏至到大雪的 12 个节气，辐射能量逐级降低。

万物生长靠太阳，植物是通过光合作用将太阳辐射的能量转化为果实。在这里，我想把 24 个节气所对应的太阳辐射的能量变化想象成一个有 12 个级别“火候”的灶台，每个火候对应两个节气。不同级别的火候会提供不同等级的加热火力。级别自低到高分别对应着从冬至到芒种的 12 个节气，然后自高到低又分别对应着从夏至到大雪的 12 个节气。尽管一个相同的火候对应着两个节气，但一个处于上升势头，另一个却处于下降势头。从这点来看，太阳在第九个节气芒种和第十个节气夏至，会给我们提供满满的、最高级别的火候，而第八个节气所提供的辐射能量也就是火候级别是仅次于最高的，称为小满就再恰当不过了。

到了小满节气，从南半球穿越赤道而来的暖湿气流，将携带比之前更高的能量到达我国南海，这时候南海季风就爆发了，华南前汛期也进入了鼎盛阶段，我国正式进入主汛期。雨水丰，江河满，南方江河的水满了，湖泊呢，也满了。

这是来自太阳的第九封信，写给芒种：芒种啊，我已经运行到达黄经 75°，北斗七星的斗柄指向丙位。

芒种节气从每年6月6日前后开始，共约15.7天。太阳从黄道的75°转到90°，在节气末与夏至交接的时候，到达一年中的最高位置，辐射到北半球的能量也是一年中最强的。

目前，关于芒种的解释都来自《月令七十二候集解》中的“有芒之种谷可稼种矣”。意思是，大麦、小麦这些作物的籽粒已经饱满成熟，可以收割了，秋季作物也该播种了。黄河中下游地区就此进入了三夏大忙季节（指忙于夏收、夏种和夏管）。我国幅员辽阔，农业种植品种丰富，不同的地区关于芒种也都有自己的解读，但总之都是到了一年中农事最繁忙的时候，因此，芒种的芒也被说成繁忙的忙。在汉代之前，芒种的名字是四个字，叫“命农勉作”，意思是说，主管农业的官员要走出办

初候，螳螂生；

二候，鵙始鸣；

三候，反舌无声。

公室，到田间地头督导农民收割和播种。

“春争日，夏争时”，夏收就是在跟老天爷抢时间，尽管芒种时麦收区的天气多是干燥晴热，但也不能排除对流天气发生的可能，一旦遇上雷雨、大风、冰雹，就会给粮食带来重大的损失。另外，每年一度的雨季对麦收也是一种威胁。芒种期间，影响我国的雨带从华南向江淮地区推进，异常的年份，雨带也可能会提前影响到黄淮一带。像山东，雨季通常都是在夏至和小暑间才到来，但是 1956 年和 1999 年，雨季却在芒种的第三候就提前来了。对于麦收区，最令人担心的就是恶劣天气，即便天气预报报准了，面对这么广阔的麦田，说实话，也没有什么好的防范办法。所以，还是抢收为上！抢收也是为了能尽快腾出土地，给夏种留出时间。因为过了芒种节气之后，太阳辐射到北半球的能量就开始慢慢减少了。越早播种，对农作物的生长越有利。另外，芒种也是收获种子的时候。如今种子被称为农业的“芯片”。这也提醒我们，要注重种子的培育生产，确保国家的粮食安全。

夏至

这是来自太阳的第十封信，写给夏至：夏至啊，我已经运行到达黄经 90°，北斗七星的斗柄指向午位（正南方向）。

夏至从每年的 6 月 21 日前后开始，共约 15.7 天。太阳从黄道的 90° 运行到 105°。节气的第一天，太阳接近直射北回归线，北半球经历一年中白昼时间最长的一天，正午物体的影子最短。越往北，昼长夜短现象越明显，我国最北端漠河的白天时间可达 21 小时，再往北，到了北极圈内，则是 24 小时都是白天。在早晨和傍晚的时候，你会发现，南北朝向房子的阴面也可以晒到太阳了。

夏至是太阳在黄道上运行的转折点，和冬至类似，都是观察太阳运动变化的最佳时间。物体的影子由最短变为最长，再变回最短的时间就是一年，影子的长短变化最容易观测。因此，夏至和冬至就成了 24 个节气中最先确定下来的两个节气。

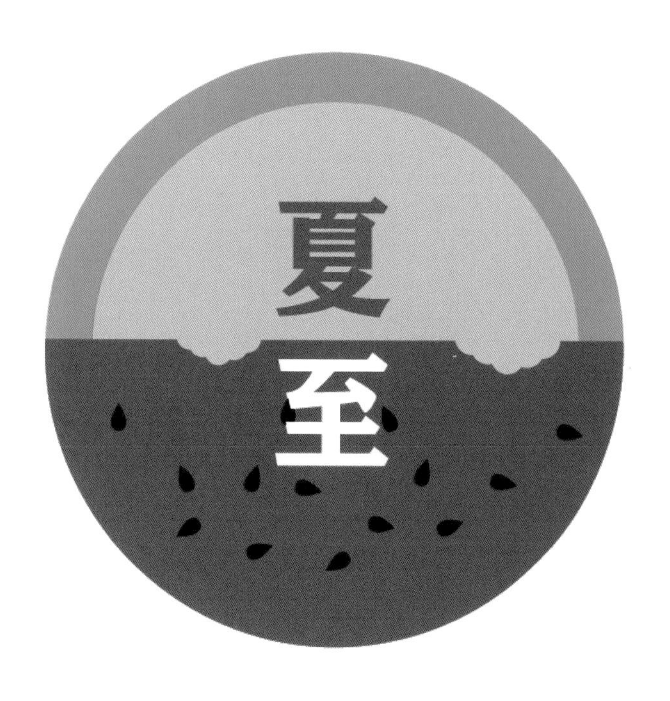

初候，鹿角解；

二候，蜩始鸣；

三候，半夏生。

“吃过夏至面，一天短一线”，进入夏至，太阳辐射到北半球的能量在达到一年中的最强之后就开始一天比一天减弱了。另外，在全球大气环流的驱动下，黄河中下游一带的气候也开始出现明显的转折。每年从南半球穿越赤道而来的夏季风，在影响我国南方之后，其前沿也已经推进到黄河中下游。随着夏季风的到来，山东、河南、山西、陕西等地陆续进入一年中降水最为集中的时期。因此，对于这一带来说，我们不妨从气象学角度对夏至一词再追加一层意思的解读，“夏至就是夏季风到了”。

夏季风带来的不仅是降雨，同时也会让黄河中下游地区的夏天从之前的燥热逐渐过渡为湿热，即便到了夜间，感觉也没有之前那么干爽了。

农民在忙完夏收、夏种之后，就进入了秋季作物的田间管理阶段。夏至期间，雨水多、湿度大、气温高，为了确保秋季作物的丰收，此时田间管理一点都不能放松，施肥、灭虫、锄草等，一样都不能少，谚语中说“夏至不锄根边草，如同养下毒蛇咬”。而锄草最适宜的时间又恰恰是在烈日当头的时候，可谓“锄禾日当午，汗滴禾下土”。爱惜粮食，从你我做起。

这是来自太阳的第十一封信，写给小暑：小暑啊，我已经运行到达黄经105°，北斗七星的斗柄指向丁位。

小暑从每年的 7 月 7 日前后开始，共约 15.7 天。这期间天气已经很热，但还不是一年中最热的时候，所以称为小暑。

每年进入小暑节气，你会发现，人们关注更多的是何时入伏。俗话说“夏至三庚便数伏”，意思是说，从夏至的第一天开始数，数到第三个“庚日”就入伏了。每年的入伏时间前后最多可相差 9 天，但基本都是开始于小暑节气中的某一天。

自上古以来，我国就以 10 个天干（甲、乙、丙、丁、戊、己、庚、辛、壬、癸）与12个地支（子、丑、寅、卯、辰、巳、午、未、申、酉、戌、亥）进行循环组合来表示年，目前这种干支纪年的方法依然保留在我国的农历中。除了纪年之外，也用它来表示月、日、时。像庚子日、庚丑日，这些带有庚字的

初候，温风至；
二候，蟋蟀居壁；
三候，鹰始鸷。

日子就是庚日。

还记得鲁迅的那篇小说《故乡》吧，里面有关于闰土名字来历的描写：“闰月生的，五行缺土，所以他的父亲叫他闰土。”在五行学说看来，春季属木、夏季属火、秋季属金、冬季属水，显然，这少了一个属于土的季节，因此一年分为四季也是“五行缺土”，于是决定在夏季和秋季之间增加一个季节——长夏，也可理解为夏季的兄长，这样一年就分为春、夏、长夏、秋、冬五个季节，分别对应着木、火、土、金、水。长夏就是我们现在说的三伏。因此，三伏不是二十四节气的内容，它是古人在二十四节气的基础上，结合五行学说而衍生出来的季节。

那为何要以庚日作为入伏的日子呢？因为天干里边的庚字属金，与夏季的火是相克的。所以就规定在夏至之后的第三个庚日让它潜伏下来，其实，这才是“伏”这个字的本意。

随着夏季风继续向北推进，小暑节气除了给北方带来高温酷热外，也带来了更多的暴雨。相对于南方的暴雨，北方暴雨突发性、局地性强，预报难度大。气象是防灾减灾的第一道防线，一旦气象部门发布了暴雨预警，相关部门就要根据防汛预案来积极应对。即便有时候防御落空，其代价也远小于一次疏于防范所带来的损失。

大暑

这是来自太阳的第十二封信，写给大暑：大暑啊，我已经运行到达黄经 120°，北斗七星的斗柄指向未位。

大暑从每年的7月23日前后开始，共约15.7天，是一年中最热的节气。在汉代之前，它的名字叫“土润溽暑”，意思是土壤被雨水浸润，天气潮湿闷热。

“暑”这个字的构成就很有意思，它下面的“者”字等同于煮东西的“煮”，上面的“日”字，表示有太阳在晒。因此，暑字的字面意思和谚语“小暑大暑，上蒸下煮”所描述的都是上下两头受热的状况。

那从大气科学的角度来看，这到底是谁在上面“蒸”，又是谁在下面“煮”呢？其实啊，空气的受热问题和我们家里使用的微波炉的加热原理十分类似，电磁波具有选择性，它可以透过玻璃器皿，对里面的食物产生加热作用。虽然玻璃器皿最后

初候，腐草为萤；
二候，土润溽暑；
三候，大雨时行。

也会变热，但这不是电磁波直接加热造成的，而是食物受热后传导过来的。

空气和玻璃器皿一样，它对太阳发出的电磁波也几乎全部是透过的。而这些透过的电磁波却能被地表吸收。地表吸收后，会发出波长更长的电磁波，对于这样的长波，空气却是可以吸收的。因此，空气不是被太阳直接给晒热的，而是被吸收了太阳辐射后的地表再发出的长波给烤热的。

另外，地表也不断把所吸收的一部分热量向深层转移并蓄积。到了大暑节气，地表发出和蓄积的热量都达到了一年中的高峰。

那又是谁在上面蒸呢？每年的 5 月中旬，夏季风就到了我国南海，然后携带着暖湿空气一路向北，在大暑节气到达华北、东北。夏季风所到之处，除了带来丰沛的降雨，还会形成湿热天气，就像在蒸笼里一样。这样，地表在下面“煮”，夏季风在上面“蒸”，就形成了既热又湿的桑拿天。

尽管大暑时的天气让人感觉湿热难耐，但这种暑热却十分有利于农作物的生长，谚语“大暑无酷热，五谷多不结”，说的就是这个道理。

这是来自太阳的第十三封信，写给立秋：立秋啊，我已经运行到达黄经 135°，北斗七星的斗柄指向坤位。

立秋从每年的 8 月 8 日前后开始，共约 15.6 天。节气期间，我国北方各地将陆续结束降水集中的雨季。“凉风至，白露降，寒蝉鸣”是《礼记 · 月令》中对立秋的描述。

立秋是秋季的开始。有一种昆虫与秋特别有缘，立秋之后，它就开始在夜间啾啾地鸣叫，直到秋季结束。这种昆虫的雄性特别擅长打斗，在古代，从宫廷到民间都常拿它来逗乐、博弈。你可能已经猜到，它就是蟋蟀，又名秋虫、蛐蛐、促织、夜鸣虫、将军虫、斗鸡、地喇叭、灶鸡子等。其中“促织”这个名字很有意思，似乎是在催促人们赶紧织布缝衣，为秋后的寒冬做准备。

初候，凉风至；
二候，白露降；
三候，寒蝉鸣。

在甲骨文中，“秋”的字形其实就是一只蟋蟀的外形，经过了漫长的演变才成为目前的“秋”字。古人为何以蟋蟀来代表秋呢？因为蟋蟀成虫的寿命以及鸣叫的时间基本上与整个秋季吻合。如果要为秋季找一个“代言人”的话，可以说非它莫属。南宋诗人陆游在一首诗中写道：“蟋蟀独知秋令早，芭蕉正得雨声多。”蟋蟀为何能最早知道秋天的到来呢？蟋蟀的品种很多，著名物理学家多贝尔就曾对一种雪树蟋蟀与气温的关系进行过研究，他发现，这种蟋蟀一般在 7 ~ 32 ℃时鸣叫，其中在 22 ℃上下叫得最欢。巧合的是，22 ℃的平均气温也正是目前气象意义上入秋的门槛。

我国有着世界上最典型的季风气候，冬季风和夏季风也像好斗的蟋蟀一样，每年都要进行激烈的进退博弈，夏季风得胜就是盛夏，而冬季风得胜就是严冬。

立秋节气一到，冬季风就开始发起攻势，夏季风也开始由盛转衰，天气渐渐转凉。这种凉意随着降雨而愈发明显，正所谓“一场秋雨一场寒”。

夏季风每年表现不尽相同，有些年份夏季风强盛，在立秋之后，仍迟迟不肯撤退，导致华北、东北出现短暂的炎热天气，这就是人们常说的秋老虎。

暑

节气

这是来自太阳的第十四封信，写给处暑：处暑啊，我已经运行到达黄经 150°，北斗七星的斗柄指向申位。

处暑从每年的 8 月 23 日前后开始，共约 15.5 天。处是终止的意思，表示暑热将于这一节气终止。

尽管按照二十四节气从立秋节气开始就算是秋季了，但是按照干支纪日推算三伏时长，以出伏日作为入秋时间的话，有些年份要在处暑节气才入秋，它规定在立秋后的第二庚日出伏、入秋，具体时间在立秋节气的第 11 天到处暑节气的第 6 天之间的某一天。在气象学中，为了方便研究每个季节的气候变化，规定公历的 9 月到 11 月为秋季，因此 9 月 1 日为入秋。那问题来了，究竟有没有一个统一的入秋时间呢？这个还真没有。

我国幅员辽阔，气候差异大。为了凸显每一个季节的气候特

初候，鹰乃祭鸟；

二候，天地始肃；

三候，禾乃登。

点，1934 年，气象学家张宝堃提出了一种新的季节划分标准，他把候平均气温的 22 ℃作为夏季和秋季之间转换的门槛，当候平均气温稳定降低到 22 ℃以下时，开始入秋。受大气环流波动的影响，每年的入秋时间多少会有些变化，但与实际的物候现象和农事活动基本上吻合。不过，按照这个标准，除了东北的入秋时间与二十四节气的立秋比较一致外，其他地区自北向南推迟。黄河中下游一带的河南、山东也都要在白露节气才能入秋。这种季节划分可算得上最晚入秋的一种分类方法。

尽管人们按照二十四节气总结了很多指导农业生产的经验，但是这种经验还是会有 10 天左右的盲目期。随着气象科学的发展，在精密监测的基础上，目前已经可以提供精准到天的农业气象信息来指导农业生产。

处暑节气，玉米、大豆、水稻等秋季作物的籽粒也开始丰满起来，丰收在望。因此也可以说，处暑是一年当中的另一个小满。

这是来自太阳的第十五封信，写给白露：白露啊，我已经运行到达黄经 165°，北斗七星的斗柄指向庚位。

白露从每年的 9 月 8 日前后开始，共约 15.4 天。此时，我国北方地区的候平均气温基本已经下降到 22 ℃以下，进入气象意义上的秋季。

鸟类对节气的反应是十分敏感的，古人很早就在白露总结出“鸿雁来，玄鸟归，群鸟养羞”，这是节气对鸟类发出的呼唤：天要冷了，该飞往南方越冬的候鸟要赶紧启程，再不走就来不及了。要留下来的，就要赶紧储藏足够的食物，准备越冬。

俗话说“白露秋分夜，一夜凉一夜”，白露节气夜间气温的下降十分明显，空气中的水汽开始在物体表面凝结而形成露珠。从“白露”的字面意思来看，似乎就是白色的露珠。其实，露

初候，鸿雁来；
二候，玄鸟归；
三候，群鸟养羞。

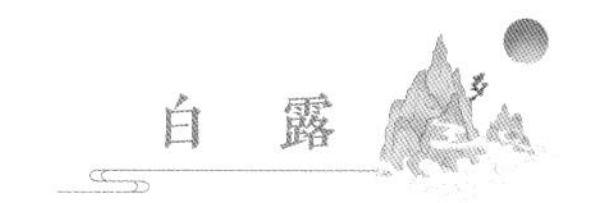

珠和雨滴一样，都是无色透明的水滴，那古人为何还要称它为“白”露呢?

在五行学说看来，青、赤、黄、白、玄这五种颜色分别体现着事物的不同状态，青色属于木、赤色属于火、黄色属于土、白色属于金、玄色属于水。同时，一年也被分为春、夏、长夏、秋、冬五个季节，来与“木火土金水”相对应。秋季属于金，白色也属于金，因此，秋季节气“白露”中“白”字本意是体现五行中的金而非指白颜色。其实，在传统文化中类似的情况还有很多。像在《西游记》小说里常提到的太白金星，以及在古代城市设计中特别讲究的“左青龙、右白虎、前朱雀、后玄武”，这其中的“白”字体现的也都是五行中的金。

白露节气开启了秋收、秋耕、秋种的“三秋”大忙时节。瓜果飘香、作物成熟，玉米、大豆等秋季作物也到了收获的时间。收获之后，就得抓紧时间平整土地，为越冬小麦的播种做好准备，正所谓“白露至，秋收忙”。因此，白露也算得上一年中的另一个芒（忙）种。

这是来自太阳的第十六封信，写给秋分：秋分啊，我已经运行到达黄经 180°，北斗七星的斗柄指向酉位（正西方向）。

秋分节气从每年的 9 月 23 日前后开始，共约 15.3 天。

你可能已经注意到，节气的时间长度并不是一个整天数，像这里所说的秋分节气，就是 15.3 天。二十四节气怎么还带有小数点，为何它不是一个整天数？首先啊，一个回归年并不恰好是 365 或 366 天的整天数，而是 365 天 5 小时 48 分 46 秒。目前的二十四节气不像公历、农历那样以“天”为单位来对一年进行划分，而是直接对太阳绕黄道转一圈的 360° 进行 24 等分，这样每个节气都是 15°。另外，地球围绕太阳公转的轨道是一个椭圆，公转的速度也不是匀速的，“冬至”时速度最快，然后不断减速，到了“夏至”，速度达到一年中的最慢，然后再转为加速。所以，尽管每个节气太阳沿黄道旋转的角度都是 15°，

初候，雷始收声；
二候，蛰虫坯户；
三候，水始涸。

但不同节气的时间长度就不一样了，而且很难是一个整天数。夏至节气最长，为 15.7 天，冬至节气最短，为 14.7 天，其他节气也都是介于 15.7 和 14.7 之间的一个带有小数点的天数。

自古以来，皇帝都自称为“天子”，也就是“老天的儿子”，天为父、地为母，日月是他的兄弟。因此我国历代皇帝都十分注重对天、地、日、月的祭拜，并把秋分设为“祭月节”，北京的月坛公园就曾是明、清两个朝代皇帝祭祀月亮的场所。由于“秋分”这天不一定都是圆月，后来就将“祭月节”由“秋分”调到了农历的八月十五。另外，秋分节气也是秋收的时节，为了传承弘扬中华农耕文明和优秀传统文化，2018 年，我国将每年的秋分节气设立为“中国农民丰收节”。

我国气候是典型的季风气候，小满节气，夏季风开始在我国南海爆发，然后逐步向内陆推进，先后形成华南前汛期、江淮梅雨期以及华北、东北主汛期，之后就快速南撤。到了秋分节气，夏季风就基本退出了我国南海，此时我国的气候切换到冬季风模式，来自西伯利亚的冷空气便成为影响我国天气的主角了。

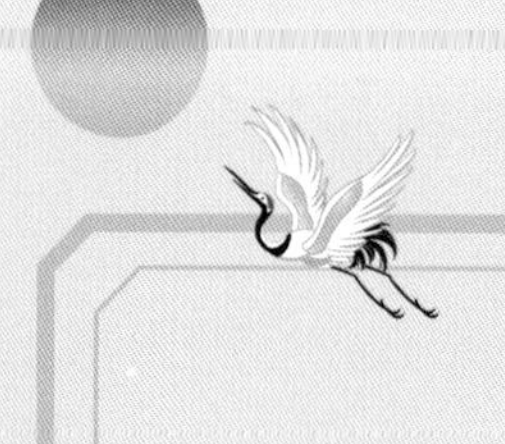

这是来自太阳的第十七封信，写给寒露：寒露啊，我已经运行到达黄经 195°，北斗七星的斗柄指向辛位。

寒露节气从每年的 10 月 8 日前后开始，共约 15.1 天。从字面上看，寒露就是寒凉的露珠。随着太阳直射点的不断南移，寒露节气，早晚已经能感觉到一丝丝的寒意。

现在，气象观测都是通过各种仪器设备对气象要素进行定量的科学观测，而在古代，人们只能用观察或感受到的雨、雪、露、霜、暑、寒等现象来描述一个时段的气候特征。虽然这种观察记录的方式只是简单粗略的定性描述，但是对于标识节气、指导农业生产却发挥着十分重要的作用。秋季是由暑转寒的过渡季节，气温下降、昼夜温差增大，空气中的水汽就会在物体表面如植物叶面上凝结，不同状况的凝结现象也可反映节气的气候特征。白露和寒露这两个节气就是通过露珠的寒凉来描述

初候，鸿雁来宾；

二候，雀入大水为蛤；

三候，菊有黄华。

节气的温度状况，白露节气，气候微凉，到了寒露节气，气候就变得寒凉了。《月令七十二候集解》中这样描述：“露气寒冷，将凝结也。”意思是说寒露时地面的露水已经变得非常冷，似乎马上就要凝结成霜了，因此，紧接着寒露的下一个节气就是霜降了。

在秋季，立秋、处暑、白露、秋分、霜降这五个节气的气温和降水都是逐步、缓慢变化，但有一个节气的变化特别剧烈，降温幅度最大，降水量急剧减少，就是寒露。这是因为，到了寒露节气，冬季风完全接替了夏季风，整个西伯利亚地区就像一个巨大的制冷空调，通过一次又一次的冷空气活动，把冷风不断吹进我国。

寒露节气前后，我国南方的水稻开始进入抽穗扬花期。这个阶段有一种叫作“寒露风”的气象灾害。虽然“寒露风”的名字里面有个“风”字，但造成灾害的却不是大风，而是降温。一般只要冷空气活动造成连续 3 天或以上日平均气温低于 20 ℃，就会使水稻发生不同程度的减产甚至绝收，正所谓“遭了寒露风，收成一场空”。

这是来自太阳的第十八封信，写给霜降：霜降啊，我已经运行到达黄经 210°，北斗七星的斗柄指向戌位。

霜降节气从每年的 10 月 23 日前后开始，共约 15.0 天。霜就是水汽在地表物体上形成的冰晶。水汽在空气中可以发生很多凝结现象，如雨、雪、雾、露、霜等，这些现象在古代都用“降”字来描述，但从现代科学来看，应该用“结”。到了霜降节气，黄河中下游一带就要开始结霜了。我国南北气候差异很大，最北端的黑龙江其实早在白露节气就结霜了，而南方的广东则要等到冬至节气前后才有可能结霜。

我们常用“霜打的茄子——蔫了”这句歇后语来比喻一个人的萎靡不振、无精打采，这是因为茄子很不耐冻，当气温低于 0 ℃时，就会结霜并被冻伤，出现发蔫的情况。

初候，豺乃祭兽；

二候，草木黄落；

三候，蛰虫咸俯。

其实不只是茄子，到了晚秋，很多植物都会受到降温的影响。霜的出现，表示气温已经低于 0 ℃，而 0 ℃是多数植物生命中的一道坎，过早到来或者导致严重的霜，都可能影响作物的产量或品质，农业气象中称之为霜冻害。霜冻害的本质是低温灾害，因为当气温降低到 0 ℃以下时，植物细胞内的水分会结冰，导致细胞死亡。如果空气湿度较大，便可能同时在植物表面上形成一层霜。所以，霜只是一种伴随现象。当气温低于 0 ℃而空气干燥时，没有霜的形成，植物同样会被冻伤，《大气科学辞典》中称这种冻害为“黑霜”。

到了霜降节气，我国北方已经是万山红遍、层林尽染。唐代诗人杜牧用“霜叶红于二月花”来形容，意思是经过霜打之后的枫叶会比二月的花还要鲜红。问题来了，树叶为何会在秋天变色呢？这是因为，每种植物都有适合自己生长的下限温度，当气温低于这个下限时，植物中的叶绿素便会减少甚至消失，绿色也就没了，平时被叶绿素遮掩的叶黄素、胡萝卜素、花青素等就有机会来表现自己的颜色，植物的叶片也就变成各种各样的颜色了。

遭遇低温时，很多农作物会将果实中的淀粉类物质转化成糖，以提高自身的耐冻能力。所以，你会发现，霜降之后连大白菜、芹菜、香菜这些蔬菜都会发甜，正所谓“霜打的蔬菜分外甜”，地瓜也会变得格外甜。

这是来自太阳的第十九封信，写给立冬：立冬啊，我已经运行到达黄经225°，北斗七星的斗柄指向乾位。

立冬节气从每年的 11 月 8 日前后开始，共约 14.9 天，立冬与立春、立夏、立秋一样，节气的第一天都曾是我国重要的传统节日。“立”字为建立、开始之意，而“冬”字在甲骨文中的字形像是在一条绳子的两端各打了一个结，表示终端之意。“立冬”一方面表示时间进入到一年四季的最后阶段，另一方面表示时令上冬季的开始，即入冬。

我国幅员辽阔，南北跨度几千公里，气候差异很大。冬季南北的气温可相差超过 50 ℃。而二十四节气是根据太阳与地球的相对位置变化，以及气候和物候等现象来划分的，并没有考虑全球大气环流的影响，因此以立冬节气作为全国统一的入冬标准还存在一定的局限。为了科学地指导农业生产，我国气象

初候，水始冰；

二候，地始冻；

三候，雉入大水为蜃。

部门以连续 5 天气温的平均值稳定地降到 10 ℃以下作为入冬的标准。

我们知道，冬季总是与冰天雪地相伴随，而低于 0 ℃的气温又是冰雪出现的条件，那为何不以 0 ℃，却以 10 ℃的气温来作为入冬的标准呢？这是因为，气象科学研究发现，10 ℃是多数植物能够正常生长的最低温度，如果天气变化导致气温短暂地降低到 10 ℃以下，对植物生长还不会有太大的影响，超过 5 天，植物就会停止生长，甚至死亡。因此，以气温连续 5 天低于 10 ℃作为入冬的标准，更符合实际的农业生产需要。

按照这个入冬的标准，其实只有黄淮、江淮一带的河南、山东、江苏、安徽等地的入冬时间与立冬节气大致吻合。而最北端的黑龙江早在白露或秋分节气就已经入冬了，北京在霜降节气入冬。而江南一带则要等到小雪或大雪节气才能入冬。我国华南地区的气温长年稳定在 10 ℃以上，因此也就不存在气象意义的冬天。海南岛不但与寒冬无缘，而且冬季时温暖舒适、气候宜人，所以就成为著名的避寒胜地，也才有了人称“候鸟族”的外地人士以季节为周期争相前往。

小雪

节气

这是来自太阳的第二十封信，写给小雪：小雪啊，我已经运行到达黄经240°，北斗七星的斗柄指向亥位。

小雪节气从每年的11月23日前后开始，共约14.8天。《月令七十二候集解》中是这样描述小雪的：“虹藏不见，天腾地降，闭塞而成冬。”意思是初冬时节，天气寒冷，降水的形式开始由雨转变为雪，因此彩虹也就不见了。

二十四节气中的“小雪”是一个气候现象，反映每年入冬后降雪的开始时间和程度，这与日常天气预报中提到的“小雪”意义有所不同。天气预报中的“小雪”是指24小时降雪量小于2.5毫米的降雪，这个标准的降雪量相当于2.5厘米厚的积雪。

小雪节气，太阳辐射到北半球的能量接近最少，地表散失的热量也越来越多，同时冷空气活动频繁，导致地温、气温不断下降，为降雪提供了可能。如果有降水天气过程，降水的形式

初候，虹藏不见；

二候，天腾地降；

三候，闭塞而成冬。

就不一定只是雨了，还有可能是雨夹雪、雪或者霰。因为这个节气深层的地温还比较高，即便出现了较大的降雪，地面的积雪也会很快融化，难以持久，因此用“小”字来描述。

小雪这个节气的关键词是“开始封”和“开始藏”。尽管现在有温室大棚来生产供应各种蔬菜，但我国黄淮一带很多植物其实在立冬节气就已经停止生长了，只有大白菜靠着自身菜叶的抱团取暖，还能坚守到立冬节气的最后一刻。但到了小雪节气，只要来一场冷空气，不论是否伴有降雪，地里的大白菜都要收割了，正所谓“小雪不收菜，冻了你别怪”。

从历史气象资料统计来看，我国华北、黄淮一带的北京、天津、河北、山东、河南等地最有可能在小雪节气出现入冬以来的第一场降雪。而东北的初雪时间要早很多，寒露节气就可能出现。江南一带的初雪呢，就要等到大雪或冬至节气了。小雪节气气象条件复杂，不同年份出现第一场雪的时间变化大，预报难度也大。但每年的初雪又都是那么牵动人心。如果小雪节气还不出现第一场雪，人们就议论降雪是不是迟到了，并在期盼中揣测着它在什么时候出现。或许正是因为人们对第一场雪的广泛关注，歌曲《2002年的第一场雪》才红遍了大江南北。

雪

节气

这是来自太阳的第二十一封信，写给大雪：大雪啊，我已经运行到达黄经255°，北斗七星的斗柄指向壬位。

大雪节气从每年的 12 月 7 日前后开始，共约 14.8 天。与小雪节气不同的是，在这期间如果遇到较强的降雪，我国华北、黄淮一带就可能形成较长时间的积雪。

大雪节气反映了我国的冬季已经进入了寒冷的阶段，整个北方也“千里冰封”了。尽管我国东北在寒露节气前后就开始结冰，但那时的冰都很薄，俗话说“冰冻三尺，非一日之寒”，经过一个多月的冻结，河湖里的冰已经足够厚。此时，车马就可以真正“上冰”了。在交通不发达的年代，冰上交通发挥了重要的作用。

大家可能都习惯性地认为物体的影子在冬至节气最长。其实，这仅仅是多年观测统计的结果，针对某一年来说，影子究

初候，鹖鴠不鸣；

二候，虎始交；

三候，荔挺出。

竟是在哪个节气最长，这取决于大雪与冬至的交接时间。在明朝之后，二十四节气的起止时间开始细致到天的某时、某分、某秒。如果交接时间恰好发生在 00 时，影子在大雪节气的最后一天和冬至节气的第一天的长度是基本相同的。如果交接时间出现在 12 时之后，理论上，物体影子最长的时间就出现在大雪节气的尾声了。

受寒冷干燥的冬季风影响，我国冬季降水普遍较少。在大雪节气，华北、黄海一带的降水量一般也就 5 毫米左右，相当于一场小雨。但就是这么小的降水，如果以雪的形式降落到地面，就可能形成气象灾害。一天之内大于 5 毫米的降水就可能是一场积雪厚度超过 5 厘米的大雪，如果降水量在 10 毫米以上那可就是一场暴雪了。强降雪通常会给设施农业以及交通带来不小的危害。但是在古代流传下来的气象谚语中，你会发现，对大雪天的描述，大多是“瑞雪兆丰年”之类的美好愿景，这有没有道理呢？研究表明，一定厚度的积雪能给冬小麦提供保暖防冻的作用，而且雪中的氮含量是普通降雨中的 5 倍，有一定的“肥田”作用，因此，“瑞雪兆丰年”还是有一定道理的。

冬至

这是来自太阳的第二十二封信，写给冬至：冬至啊，我已经运行到达黄经 270°，北斗七星的斗柄指向子位（正北方向）。

冬至节气从每年的 12 月 22 日前后开始，共约 14.7 天。从夏至开始，随着太阳位置的逐渐南移，北半球的白天越来越短，物体的影子越来越长。到了“冬至”，白天时间最短，影子也达到了最长。因为影子最容易观测，因此，“冬至”是二十四节气中最先确定下来的节气，古代曾把冬至作为一年的开始，有“冬至大如年”的说法。

在我国传统文化中，冬至是一年中阴阳转换的节点，阴气盛极而衰，阳气开始萌动。古人认为，万物负阴而抱阳，阴阳的平衡与相互转化是事物发展变化的根源。

这种阴阳学说与现代自然科学是否矛盾呢？其实啊，我们可

初候，蚯蚓结；
二候，麋角解；
三候，水泉动。

以把这种阴和阳理解为自然界中两种相反的作用。太阳辐射到地球的能量为阳，而地球散失掉的能量就是阴。大雪与冬至的交接时刻是能量变化的转折点，此时，太阳辐射到北半球的能量在一年中最少。如果仅仅考虑太阳辐射对于气温的影响，大雪和冬至都应该是一年中最冷的节气。但是，除了太阳辐射外，我国气候还会受到季风等因素的影响，入冬之后，冬季风不断增强，每隔几天就会有一股来自西伯利亚的冷空气到达，导致我国气温不断下降。在冬至节气，冷空气的影响还远没有达到一年中的最强。因此，冬至还不是最冷的时候。但是，既然太阳辐射到北半球的能量在冬至时发生了根本性的转折，未来冷暖的大概趋势也就基本确定了，因此，我国民间在冬至节气的第一天开始数九，数到三九、四九，才是最冷的时候。

小寒

这是来自太阳的第二十三封信，写给小寒：小寒啊，我已经运行到达黄经 285°，北斗七星的斗柄指向癸位。

小寒节气一般从每年的 1 月 6 日前后开始，共约 14.7 天。小寒节气最初的名字叫“寒至”，意思是严寒到了。

现在，我们都已经习惯了用温度计来测量冷热，其实，温度计的发明也仅仅四百多年的历史。在此之前，人们对于冷热的认知就全凭主观体验了。在电视剧《大染坊》中就有一段剧情，为了了解染缸里的温度，师傅把鱿鱼丢进去，然后根据鱼须的打卷程度来判断。对于节气的冷暖，也往往根据结冰的状况来判断。说到小寒节气，为何要叫“小”呢？因为在这个时候，我国黄河中下游一带河湖里的冰还没有达到一年中的最厚，面积也不是最广，古人就认为这个时候的寒冷，哎，还差那么一点点，从级别上来说可不就是“小”嘛。不过，根据现代的

初候，雁北乡；
二候，鹊始巢；
三候，雉始鸣。

气温资料来看，我国北方多数年份最冷的时段却是出现在小寒节气，因此，北方的“小寒”还真不“小”。

古代在小寒节气就开始窖藏冰块了。为什么要储存冰呢？那可是有大作用的。那时，还专门有官员来负责做这个事，一到小寒节气就开始在河湖里凿冰，然后将冰块储存在冰窖里。到了来年的夏季，再把这些冰块拿出来，那可就是防暑降温的利器了。我们都知道，那个时候可没有空调，也没有电冰箱。所以很多古城里都建有冰窖，北京城里现在还有好几处，像北海公园附近雪池胡同里的那个冰窖，一直用到了 1979 年。一些有价值的冰窖，都被作为文化遗产被保留了下来。

说到“寒”，在二十四节气中还有一个“暑”与它对应。这一“寒”一“暑”非常清晰地诠释了我国冬、夏两种截然相反的季风气候。“暑”不只是“热”，同时包含了“潮湿”；“寒”也不只是“冷”，同时包含着“干燥”。在冬季，之所以有各种呼吸道疾病的频发，除了气温较低之外，空气干燥也是一个重要的诱因。防寒保暖固然重要，但也不要忽略了给室内的环境加湿。

这是来自太阳的第二十四封信，写给大寒：大寒啊，我已经运行到达黄经300°，北斗七星的斗柄指向丑位。

大寒节气从每年的1月20日前后开始，共约14.8天。字面意思同“小寒”一样，也是表示寒冷程度，“大寒”就是寒冷到了极致的意思。

古代对于冷暖多是借助气候、物候等现象来描述的。北方的寒冷总是与冰相伴，古人自然就会根据冰的状况来判断节气的寒冷。大寒节气之所以“大”，是因为这个时候冰的厚度达到了一年中的最厚，面积也达到了最大。我们知道，河湖里的水在结冰时，总是先从河湖的边缘开始，然后随着天气的变冷，逐渐往中间冻结。《月令七十二候集解》中就用“水泽腹坚”来描述大寒的气候特征，意思是说，到了大寒节气，就连河湖中心的冰也都已经十分坚硬了。在古人看来，大寒显然要比小寒更冷。

初候，鸡乳；
二候，征鸟厉疾；
三候，水泽腹坚。

但是从古代流传下来的谚语中却又说“小寒胜大寒”，这就奇怪了，到底是小寒更冷，还是大寒更冷呢？这个问题还真就不能一概而论，为什么呢？因为我国南北跨度几千公里，气候差异非常大。有的地方是小寒更冷，有的地方则是大寒最冷。根据最近几十年的气象资料，黑龙江、北京、青海、甘肃、陕西、重庆、四川、西藏、云南等地，基本上都是在小寒时最冷。而有些地方却飘忽不定，像江苏、上海、浙江、江西、福建、广东、广西、海南等地，在1951—1980年总体上还是小寒更冷，但是到了1991—2020年这30年间，却又变成是大寒更冷了。总体来说，我国北方在小寒更冷的年份多一些，南方则是在大寒更冷的年份多一些。

民间一直有“大寒迎年”的说法，因为春节的日期一般在公历的1月21日与2月20日之间，所以，大寒一到，春节也就进入了倒计时。不同年份的春节，有的来得早，有的来得晚。像1985年的春节就姗姗来迟，竟然在雨水节气里，可算得上最晚的春节。但是1966年的春节却又早得出奇，大寒节气的第二天便是春节。2023年的春节，来得也是特别早，在大寒节气的第三天。“大寒”是二十四节气中的最后一个节气，节气之后，将开启一个新的轮回了。